Inhalt

Wer versteckt sich auf der Wiese?

Auf der Blumenwiese sind unzählige Insekten zu Hause: Käfer krabbeln auf den Gräsern herum, Schmetterlinge ruhen in der Sonne und Grillen und Heuschrecken zirpen. Viele andere Wiesenbewohner sind nicht so leicht zu entdecken. Lena ist sich sicher, dass sie einen Feldhasen gesehen hat. Leise und vorsichtig schleicht sie über das Gras, um ihn nicht zu erschrecken. Aber wo ist er hingelaufen? Er ist im hohen Gras verschwunden. Das scheue Tier versteckt sich tagsüber in einer flachen Bodenmulde.

1 Löwenzahn
2 Margerite
3 Wiesenrispengras
4 Wiesensalbei
5 Klee
6 Sauerampfer
7 Hahnenfuß (giftig!)
8 Schafgarbe
9 Glockenblume

Mach mit!

Setze eine Schnecke vorsichtig auf eine Glasscheibe. Damit sie sich dort wohlfühlt, kannst du diese vorher mit Wasser bespritzen – Schnecken lieben es feucht. Jetzt kannst du das Tier von unten beim Kriechen beobachten. Auf der Glasscheibe siehst du auch die Schleimspur, die die Schnecke hinterlässt. Diese schützt ihren empfindlichen Körper. Nach deiner Beobachtung setzt du die Schnecke wieder vorsichtig in die Wiese zurück.

Als Wiesenforscher kannst du viele Tierspuren entdecken. An Pflanzen siehst du Fraßspuren von Raupen (1) und Käfern.

Auf dem Boden findest du verschiedene Vogelfedern (2) und Maulwurfshügel.

Außerdem kannst du die Wege der Feldmäuse entdecken (3). Ihre festgetrampelten Pfade sind oft wie Tunnel von Pflanzen bedeckt.

Wie wirst du zum Wiesenforscher?

Kiebitz

Lena und Till dürfen mit Papa auf der Wiese ihres Onkels zelten. Sie stehen ganz früh auf, um in der Morgendämmerung Tiere zu beobachten. Viele wild lebende Säugetiere sind sehr scheu und verlassen nur in der Dämmerung ihr Versteck. Das ist die beste Zeit, um sich auf die Lauer zu legen. Du musst dich ruhig verhalten, um die Tiere nicht zu erschrecken. Am besten suchst du dir eine Stelle, die dir etwas Deckung bietet. Das kann ein Busch, hohes Gras oder eine Erdvertiefung sein. Mit einem Fernglas kannst du Vögel und andere scheue Tiere aus der Entfernung beobachten.

Hermelin

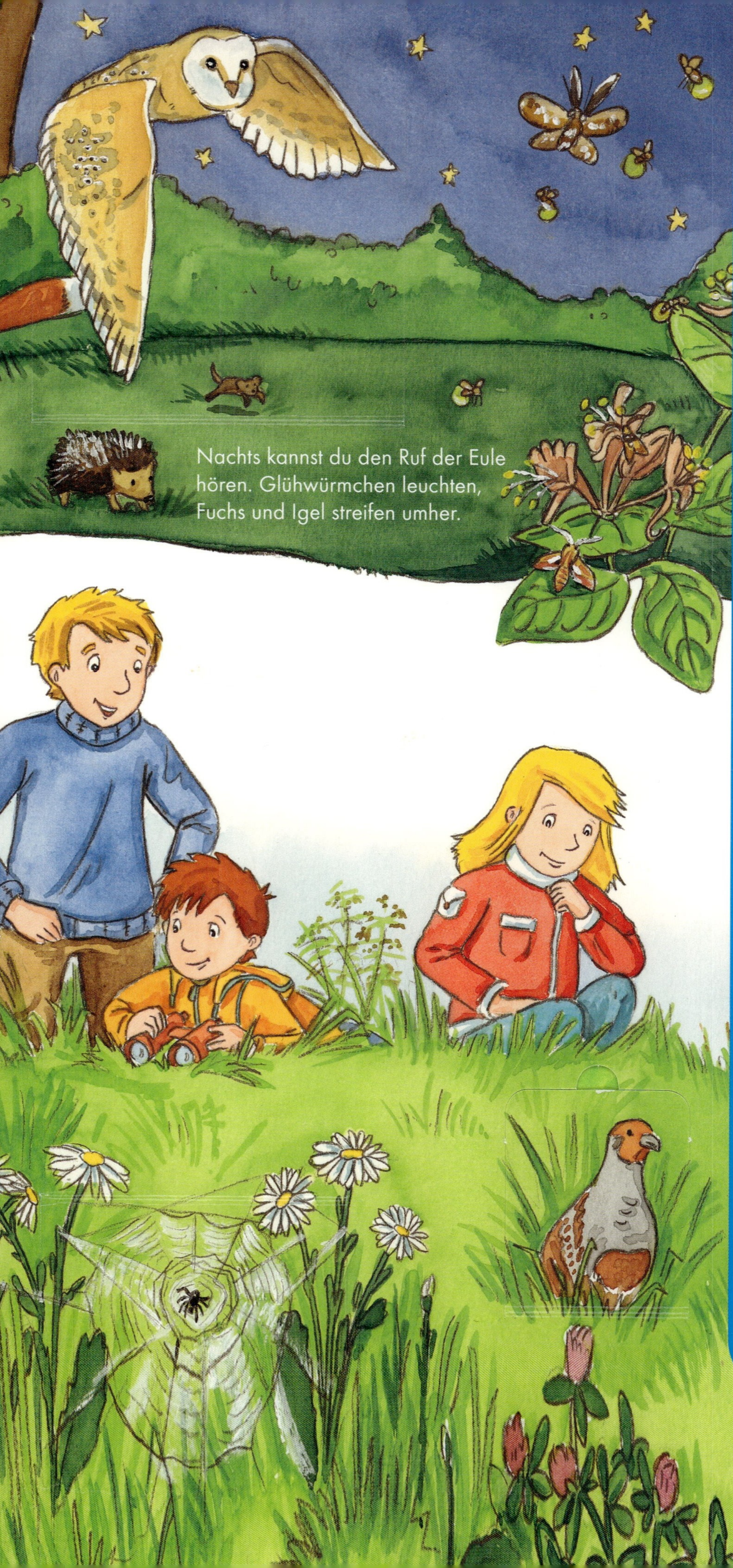

Nachts kannst du den Ruf der Eule hören. Glühwürmchen leuchten, Fuchs und Igel streifen umher.

Schon gewusst?

Viele kleine Wiesenbewohner können sich gegen Feinde verteidigen. Um nicht gefressen zu werden, haben sie verschiedene Abwehrmethoden entwickelt.

Der Marienkäfer und der Tatzenkäfer sondern eine Flüssigkeit ab, die stinkt und giftig ist. Das nennt man Reflexbluten.

Warum explodiert das Springkraut?

Über der Wiese summt und brummt es: Bienen, Hummeln und Schmetterlinge sind auf der Suche nach Nektar. Beim Trinken bleibt Pollen – das ist der Blütenstaub – an ihrem Haarkleid hängen und gelangt so von einer Blüte zur anderen. Dabei wird die Pflanze bestäubt und neuer Samen entwickelt sich. Daraus kann eine neue Blume wachsen. Für die Verbreitung der Pollen und Samen nutzen Pflanzen verschiedene Möglichkeiten. Das Springkraut etwa explodiert: Die reife Kapsel springt auf und schleudert die Samen weg. Das passiert auch, wenn du sie vorsichtig berührst.

Bei einigen Pflanzen verbreitet der Wind die Samen. Er schüttelt etwa die Kapseln des Mohns hin und her und die Samen fallen heraus.

Auch Tiere helfen oft bei der Samenverbreitung. Die Amsel frisst die roten Beeren des Maiglöckchens, in denen sich die Samen befinden. Achtung, Maiglöckchen sind für Menschen giftig!

Als Pusteblume kennst du den verblühten gelben Löwenzahn und den ähnlichen Wiesenbocksbart. Der Wind trägt die Fallschirmchen der Pusteblume davon. An jedem von ihnen hängt ein Samen, aus dem eine neue Pflanze wachsen kann.

4

Mach mit!

Bastle dir deine eigene Pflanzensammlung, ein Herbarium! Dazu sammelst du verschiedene Pflanzen – pflücke aber keine, die unter Naturschutz stehen. Lege sie zu Hause zwischen zwei Löschblätter und beschwere die Löschblätter mit dicken Büchern. Die Pflanzen müssen etwa zwei Wochen trocknen. Danach löst du sie vorsichtig vom Löschpapier und klebst sie auf ein Blatt Papier. Daneben notierst du den Namen der Pflanze und den Ort, an dem du sie gefunden hast. Du kannst die Blätter in Klarsichthüllen stecken und sie in einem Ordner sammeln.

Siehst du die kleinen, stacheligen Kugeln am Hasenfell? Das sind Kletten. Diese Samen bleiben im Fell von Tieren hängen und werden so verbreitet.

1 Wiesenbocksbart
2 Springkraut
3 Wiesenlabkraut
4 Ringelblume
5 Wiesenschaumkraut

Wenn die Sonne scheint, kann sie dir bei der Orientierung helfen. Mit ihr kanns du die Himmelsrichtungen bestimmen: Die Sonne geht im Osten auf, mittags steht sie im Süden und abends geh sie im Westen unter.

? Wie orientierst du dich im Wald?

Heute wandern Lena und Till mit Mama und Papa im Wald. Um den richtigen Weg zu finden, haben sie eine Karte dabei. Darauf sind die Wanderwege eingezeichnet. Außerdem hat jeder Weg eine bestimmte Markierung, zum Beispiel ein Dreieck. Dieses Zeichen ist auf Baumstämmen oder Schildern zu sehen. Um sich zu orientieren und den richtigen Weg zu finden, hilft auch ein Kompass. „Hört mal", ruft Till, „da klopft ein Specht!" Kannst du ihn entdecken?

Mach mit!

Halte eine lila Blüte so nah an einen Ameisenhaufen, dass die Ameisen sie gerade nicht erreichen können. Bald siehst du helle Flecken auf der Blüte: Die Ameisen halten die Blüte für einen Angreifer und spritzen zur Abwehr stark brennende Ameisensäure. Die Säure verfärbt die lila Blüte.

Lena hat es sich mit ihrem Pilzbuch auf einem dicken grünen Polster gemütlich gemacht: auf weichem Moos.

An dieser Buche wächst ein Pilz, der Zunderschwamm. Mit diesem Pilz wurde früher Feuer gemacht. Im Mittelalter wurden aus ihm sogar Westen und Kappen hergestellt.

Sammle nur Pilze oder Beeren, die du kennst! Der gefährlichste Giftpilz ist der Grüne Knollenblätterpilz.

Mit etwas Glück kannst du im Wald den seltenen Hirschkäfer entdecken. Seine beiden großen Zangen sehen aus wie ein Hirschgeweih. Daher hat er seinen Namen. Mit diesen Zangen kämpfen die Männchen um ein Weibchen.

Die Rote Waldameise lebt wie fast alle Ameisen in großen Völkern mit einigen Hunderttausend Tieren.

Wer läuft nachts durch den Wald?

Es raschelt und knackt, das unheimliche „hu-uuh" der Eule ertönt – eine Nachtwanderung im Wald ist spannend! Viele nachtaktive Tiere sind unterwegs. Das sind Tiere, die tagsüber ruhen und nachts wach sind. Eulen und Füchse jagen in der Dunkelheit Mäuse, Igel stöbern im Laub nach Schnecken und Käfern. Papa, Till und Lena bleiben immer auf dem Waldweg. So können sie sich nicht verlaufen. Sie bewegen sich vorsichtig und leise, damit sie die Waldtiere nicht verscheuchen.

Schau hin!

Im Bild hat sich ein Fehler eingeschlichen: Ein Tier ist unterwegs, das tagaktiv ist und nachts in Bäumen schläft. Welches ist es?

Was finden Spurendetektive im Wald?

Die Tiere des Waldes sind oft scheu und verstecken sich tagsüber. Du kannst aber ihre Spuren entdecken, die sie im Wald hinterlassen: Fraßspuren an Nüssen, abgenagte Zapfen, Gewölle – das sind die Reste von erbeuteten Tieren, die Vögel wie die Waldohreule nicht verdauen können und wieder ausspeien. Und im feuchten Waldboden oder im Schnee findest du die Fährten der Tiere, so nennt man ihre Fußabdrücke. Mach dich auf die spannende Suche!

Einen Borkenkäferbefall erkennst du an braunen Bohrmehlspuren am Baumstamm. Der Käfer frisst sich durch die Bastschicht des Baumes.

Gewölle der Waldohreule

Ein Eichhörnchen reißt mit seinen kräftigen Zähnen die Schuppen vom Fichtenzapfen ab und lässt ein paar Fasern stehen (4).

Lenas Zapfen haben eine glatte Oberfläche (5): Hier hat eine Maus sorgfältig Schuppe für Schuppe des Zapfens abgenagt.

Fraßspuren an Nussschalen:

1 Der Haselnussbohrer, ein Rüsselkäfer, hinterlässt ein kleines, kreisrundes Loch (1).

2 Die Haselmaus nagt ein größeres Loch in die Nussschale (2).

3 Eichhörnchen spalten die Schalen, um an die Nüsse zu gelangen (3).

Mach mit!

Hast du auf dem Waldboden ein Stück Rinde mit Borkenkäfergängen gefunden? Dann kannst du dieses Muster als Bild mit nach Hause nehmen! Dazu legst du einfach ein Blatt Papier auf die Rinde und reibst einen Abdruck der Gänge mit Wachsstiften darauf.

Den Kot der Waldtiere nennen Jäger auch Losung. Bei Fleischfressern wie Fuchs oder Dachs ist er wurstförmig und spitz ausgezogen (6). Pflanzenfresser wie Reh und Hase scheiden runden oder bohnenförmigen Kot aus (7).

Wer kann auf dem Wasser laufen?

1 Zwergmaus
2 Teichmolch
3 Karpfen
4 Stockente (Weibche
5 Stockente (Männche
6 Teichfrosch
7 Hecht
8 Große Rohrdommel
9 Libelle
10 Ringelnatter
11 Rückenschwimmer
12 Wasserspinne

Till sitzt auf dem Steg und lässt seine Füße ins Wasser hängen. Auf dem See beobachtet er viele Tiere: Enten paddeln umher, Wasserläufer flitzen über die Wasseroberfläche und Libellen schwirren durch die Luft. Eine scheue Rohrdommel versteckt sich im Schilf. Dazu streckt sie sich und reckt ihren Schnabel steil nach oben. Eine Zwergmaus klettert zu ihrem kugelförmigen Nest, das zwischen hohen Halmen verankert ist. Auch unter Wasser ist viel los: Ein Otter ist auf der Jagd, Karpfen ziehen ihre Runden und ein Hecht lauert auf Beute.

Gelbrandkäfer
Otter
Posthornschnecke
Schlammschnecke

Mach mit!

Der Wasserläufer nutzt die Oberflächenspannung des Wassers. Diese entsteht, weil sich die kleinen Teile des Wassers – die Wassermoleküle – gegenseitig anziehen. Fülle ein Glas mit Wasser und lege eine Büroklammer vorsichtig auf die Wasseroberfläche: Sie schwimmt. Die Oberflächenspannung kannst du zerstören: Gib einen Tropfen Spülmittel ins Glas und die Büroklammer geht unter.

Lena entdeckt eine Bachforelle.

Der Sonnentau ist eine fleischfressende Pflanze. Er fängt mit seinen klebrigen Blättern Insekten, verdaut sie und nimmt dadurch Nährstoffe auf.

Was siehst du beim Bachspaziergang?

Lena geht heute in einem Bach auf Entdeckungsreise. In ihren Gummistiefeln watet sie vorsichtig durch das kalte Wasser. Bei einem Bachspaziergang kannst du viel entdecken. Du kannst am Ufer entlanglaufen oder – wenn du mit deinen Eltern unterwegs bist – wie Lena im flachen Wasser waten. Dabei findest du Wasserpflanzen und dichtes Schilf am Ufer, Libellen fliegen durch die Luft und vielleicht flitzt zwischen deinen Beinen ein Fisch hindurch. Zieh deine Gummistiefel an und wate los!

Libelle

Die Larven der Libelle entwickeln sich im Wasser. Sie häuten sich im Laufe der Zeit mehrmals und werden dabei immer größer. Zur letzten Häutung kriecht die Libellenlarve aus dem Wasser.

Libellenlarve

Als kleine Frösche klettern sie an Land (4).

Frösche machen in ihrem Leben eine erstaunliche Verwandlung durch. Das Weibchen legt seine Eier im Wasser ab. Sie bilden einen großen Klumpen, den Froschlaich (1).

Aus den Eiern schlüpfen die Kaulquappen (2). Sie atmen durch Kiemen.

Später bekommen die Kaulquappen Beine und ihre Lunge entwickelt sich (3).

Der Biber braucht viel Holz für seine Biberburg. Er nagt Zweige ab und fällt mit seinen kräftigen Zähnen sogar kleine Bäume. Der Eingang seiner Burg liegt unter der Wasseroberfläche, die Kammern der Burg liegen aber im Trockenen über dem Wasserspiegel.

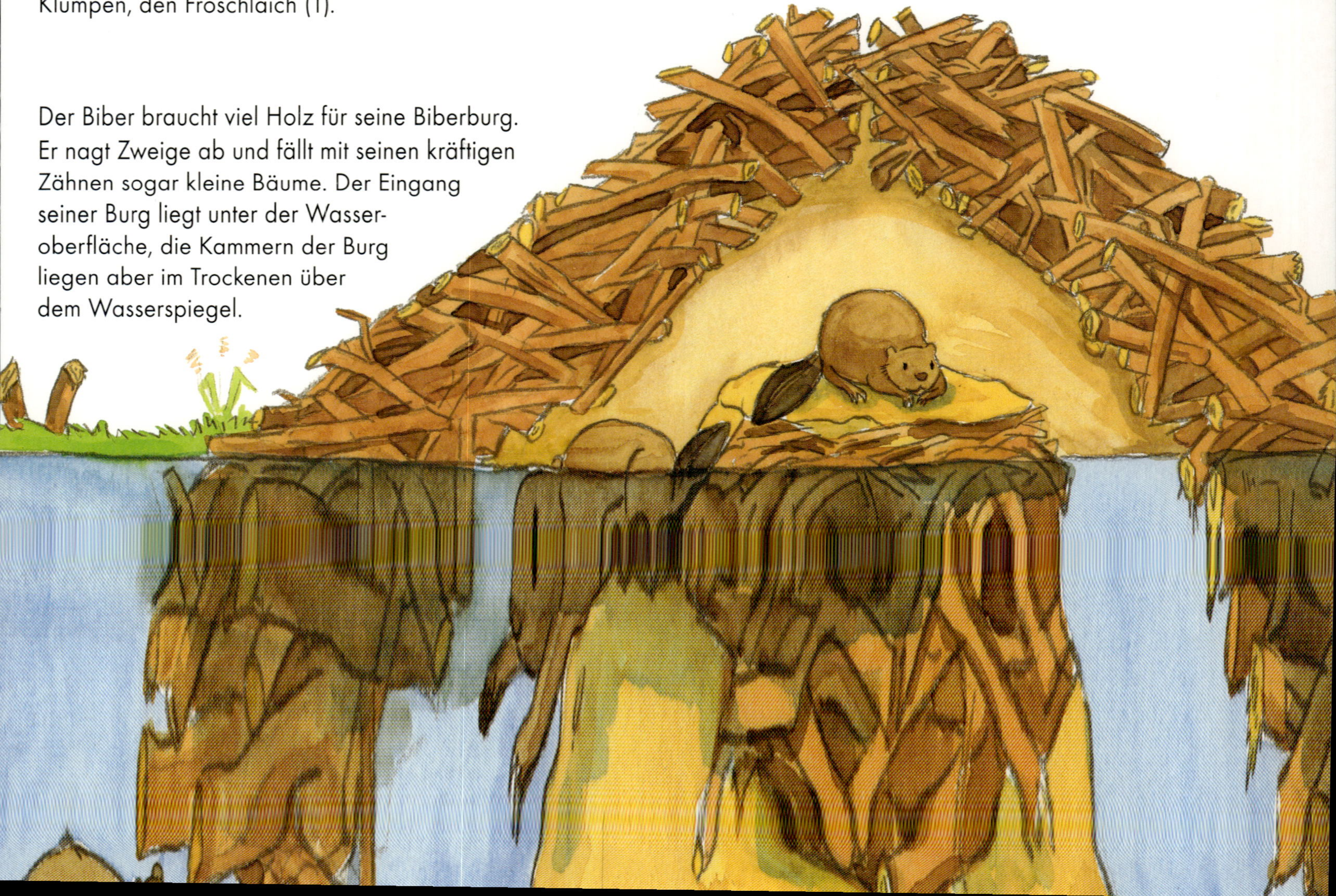

? Können Enten auf Eis festfrieren?

Wenn es draußen eiskalt ist und du nur noch mit Schal, Mütze und Handschuhen das Haus verlässt, kann sich auf Seen und Teichen eine Eisschicht bilden. Die Enten können auf dem Eis stehen, ohne festzufrieren. Das liegt daran, dass ihre Füße sehr kühl sind. Hätten Enten warme Füße wie wir Menschen, würden sie das Eis, auf dem sie stehen, durch die Wärme antauen. Das angetaute Eis würde in der kalten Umgebung wieder gefrieren und die Entenfüße würden festfrieren. Frösche fallen in der kalten Jahreszeit in Winterstarre. Dabei schlägt ihr Herz viel langsamer und sie nehmen keine Nahrung auf. Wenn es wärmer wird, erwachen die Frösche wieder aus ihrer Starre.

Der Grasfrosch verfällt in einem Erdloch in Winterstarre.

In einem Laubhaufen verborgen überwintert der Laubfrosch.

Der Seefrosch verbringt den Winter am Grund eines Sees.

Manche Frösche verbringen den Winter an Land, versteckt in Erdhöhlen oder Asthaufen. Frösche, die am Grund eines Sees überwintern, nehmen über ihre Haut Sauerstoff aus dem Wasser auf.

Mach mit!

Um Wassertiere zu bestimmen, holst du sie vorsichtig mit einem Fangnetz aus dem Wasser und setzt sie in eine mit Wasser gefüllte weiße Schale.

Mit der Lupe kannst du die Tiere genauer betrachten.

Sei bei deinen Beobachtungen immer vorsichtig und pass auf, dass du am Ufer sicher stehen oder knien kannst! Die Wassertiere dürfen nicht austrocknen. Setze sie zum Beobachten in kühles Wasser und lasse sie bald wieder frei.

Beim Bestimmen der Tiere helfen dir die Entdeckerkarten auf den folgenden Seiten in diesem Buch. Trenne sie heraus, nimm sie mit nach draußen und finde heraus, wie das Tier oder die Pflanze heißt! Sobald du ein Tier oder eine Pflanze von der Karte in der Natur entdeckt hast, kannst du ins Kästchen vor dem Namen ein Kreuz machen.

Komm mit ans Wasser!

Schalenboot

Für das Schalenboot brauchst du eine leere Walnussschale. Ein kleines Blatt wird das Segel. Als Mast dient ein Zahnstocher. An diesem befestigst du das Segel. Um den Mast im Boot zu verankern, drückst du ein Stückchen Knete in der Mitte der Nussschale fest. Danach steckst du den Mast in die Knete. Such dir einen Platz am Ufer, an dem du sicher stehst. Setze dein Boot vorsichtig ins Wasser. Wenn es kippt, klebe Knete an die Unterseite der Nussschale, bis das Boot im Gleichgewicht ist.

Steinehüpfen

Such dir fürs Steinehüpfen einen flachen, runden Stein. Wirf ihn mit einer Drehbewegung flach über eine ruhige Wasseroberfläche. Gib ihm noch einen Schubs mit dem Zeigefinger, bevor er deine Hand verlässt.

Wie oft springt dein Stein über das Wasser, bevor er versinkt?

Rindenschiffchen

Dafür brauchst du ein Stück Rinde. Als Mast verwendest du einen Zweig oder einen Schaschlikspieß. Ein Blatt dient als Segel. Stecke den Mast in die Rinde.

Wenn die Rinde zu hart ist, bitte deine Eltern, ein Loch hineinzubohren.

Komm mit in den Wald!